“十一五”国家重点图书出版规划项目

数学文化小丛书

李大潜　主编

圆周率π漫话

李大潜

高等教育出版社·北京

图书在版编目（CIP）数据

圆周率 π 漫话 / 李大潜. —北京：高等教育出版社，2007.12 (2024.1重印)

（数学文化小丛书 / 李大潜主编）

ISBN 978-7-04-022367-5

Ⅰ. 圆… Ⅱ. 李… Ⅲ. 圆周率—普及读物 Ⅳ. O123.6-49

中国版本图书馆 CIP 数据核字（2007）第 160654 号

项目策划 李艳馥 李 蕊

策划编辑 李 蕊　责任编辑 崔梅萍　封面设计 王凌波
责任绘图 杜晓丹　版式设计 王艳红　责任校对 杨雪莲
责任印制 田 甜

出版发行	高等教育出版社	咨询电话	400-810-0598
社　址	北京市西城区德外大街4号	网　址	http://www.hep.edu.cn
邮政编码	100120		http://www.hep.com.cn
印　刷	中煤（北京）印务有限公司	网上订购	http://www.landraco.com
开　本	787 × 960 1/32		http://www.landraco.com.cn
印　张	2	版　次	2007年12月第1版
字　数	33 000	印　次	2024年1月第21次印刷
购书热线	010-58581118	定　价	6.00 元

物 料 号 22367-A0

数学文化小丛书编委会

数学文化小丛书总序

整个数学的发展史是和人类物质文明和精神文明的发展史交融在一起的。数学不仅是一种精确的语言和工具、一门博大精深并应用广泛的科学，而且更是一种先进的文化。它在人类文明的进程中一直起着积极的推动作用，是人类文明的一个重要支柱。

要学好数学，不等于拼命做习题、背公式，而是要着重领会数学的思想方法和精神实质，了解数学在人类文明发展中所起的关键作用，自觉地接受数学文化的熏陶。只有这样，才能从根本上体现素质教育的要求，并为全民族思想文化素质的提高夯实基础。

鉴于目前充分认识到这一点的人还不多，更远未引起各方面足够的重视，很有必要在较大的范围内大力进行宣传、引导工作。本丛书正是在这样的背景下，本着弘扬和普及数学文化的宗旨而编辑出版的。

为了使包括中学生在内的广大读者都能有所收益，本丛书将着力精选那些对人类文明的发展起过重要作用、在深化人类对世界的认识或推动人类对世界的改造方面有某种里程碑意义的主题，由学有专长的学者执笔, 抓住主要的线索和本质的内容, 由浅入深并简明生动地向读者介绍数学文化的丰富内涵、数学文化史诗中一些重要的篇章以及古今中外一些著名数学家的优秀品质及历史功绩等内容。每个专题篇幅不长, 并相对独立, 以易于阅读、便于携带且尽可能降低书价为原则, 有的专题单独成册, 有些专题则联合成册。

希望广大读者能通过阅读这套丛书, 走近数学、品味数学和理解数学, 充分感受数学文化的魅力和作用, 进一步打开视野, 启迪心智, 在今后的学习与工作中取得更出色的成绩。

李大潜

2005年12月

目　录

一、引　　言

圆周率π是一个重要的数学常数. 它的知名度很大, 恐怕很少有人不知道它. 一个半径为r的圆, 其周长为

$$C = 2\pi r, \tag{1.1}$$

而面积为

$$A = \pi r^2, \tag{1.2}$$

已经成了人们的常识.

在很多地方都可以发现π的踪迹.在法国巴黎的发现宫中, 专门有一个关于π的大厅(见图1), 门上方印着联系两个重要数学常数π与e的欧拉公式

$$e^{i\pi} = -1, \tag{1.3}$$

图1

其中i为虚数单位，而厅内的墙壁上则以十位小数为一组写着π的精确到小数点后707位的数值(见图2)，经常有不少学生围着讲解员在进行讨论，给人留下十分深刻的印象. 在国外还有以π命名的专著丛书和研究所(见图3).世界各地的圆周率爱好者还根据圆周率π的头三位数3.14确定每年3月14 日为“π 日”. 他们在那天聚会，讨论有关π的话题，吃以馅饼(其英文Pie发音与π相同)为主的美食，互祝“π日快乐”，并开展种种其他的有关活动，以表达他们对圆周率π这一数字的热爱.在国内，设在华罗庚先生故乡江苏金坛的华罗庚中学，它的大门就是一个大写的π字(见图4)；在上海市内热闹地段也可发现有以π命名的旅馆(见图5)……

图2

但是，π这一个常数却很不简单.它不仅有悠久的历史，而且有深刻的内涵，要真正弄懂这个从小就打交道的π，甚至要用到高深的数学知识. 大家可能不会想到，在以π这个记号所代表的数字中竟蕴藏着如此生动而丰富的内容和故事.

图3

图4

有关π的故事，涉及人类文明包括数学学科的整个发展历史. 限于时间、篇幅和水平，在这一本小书中只能以漫话的形式，大体上按历史的发展次序，讲一些基本的事实和重要的片段，希望能有助于读者对π的认识和理解，并从这一个侧面看到数学发展对人类文明的不可忽视的重要推动作用.

图5

二、起　　源

π的历史, 可以追溯到遥远的古代.

在生活及生产的过程中, 最早引起人们注意的几何图形大概就是直线和圆.其中圆的图像, 从太阳、满月以及一些花朵的形状上可以逐步体会出来. 这是一个具有高度对称性的图形, 绕其中心转任何一个角度来看都是完全一样的.

开始人们注意到的可能是圆的直径D, 同样也会注意到圆的周长C, 并逐步加深了对它们之间关系的认识. 从注意到圆这一图形, 到发现圆周长C和直径D之间有正比例关系, 一定经过了很长的时间, 最终达到了这样的认识: 圆周长C和直径D成正比, 而比例常数即为圆周率, 现在记为π. 于是有

$$\frac{C}{D} = \pi \tag{2.1}$$

或

$$C = \pi D. \tag{2.2}$$

由于$D = 2r$, (2.2)式即(1.1)式.

这里必须说明, 将圆周率记为π, 是在大数学家**欧拉**于1737年采用后才为大家普遍接受并成为通用的记号, 并不是一开始就如此的. 但为叙述方便起见, 在本书中我们一开始就用π来表示圆周率.

公式(2.1)或(2.2)对不同直径的任何圆都是成立的. 因此, π是一个普适的常数, 和圆的半径(或直径)的大小无关.

那么, π的值究竟是多少呢?

根据最早有文字的记载, 在公元前2000年左右, 巴比伦人(在今伊拉克地区)就给出

$$\pi = 3\frac{1}{8} = 3.125, \tag{2.3}$$

而埃及人在公元前2000年前已用了

$$\pi = 4 \times \left(\frac{8}{9}\right)^2 = 3.1605. \tag{2.4}$$

和我们现在熟知的$\pi \approx 3.1416$相比较, 可知(2.3)式给出的π值比实际值小, 而由(2.4)式给出的π值则比实际值大.

我们国家的情况, 由于缺少早期的资料, 只知道在公元前1200年还在使用

$$\pi \approx 3, \tag{2.5}$$

并一直使用了好几个世纪.这就是所谓的“径一周三”. 这不算是一个先进的纪录, 但在公元前550年左右的旧约圣经上, 实际上也还是使用了(2.5)式. 到了公元130年, 在后汉书上则采用了

$$\pi \approx 3.1622, \tag{2.6}$$

此式很接近于$\pi \approx \sqrt{10}$.

至于印度, 在公元400年左右, 已用了

$$\pi \approx 3.1416. \tag{2.7}$$

以上这些, 都是关于π的数值的早期结果.它们只是一些猜测与估计, 并没有提出一个明确的数学方法可以原则上将π的数值计算到任意的精度, 答案也是千差万别的.

三、割圆术——从阿基米德到刘徽(上)

到了公元前3世纪, 情况有了一个根本性的变化. 在古希腊文明的基础上, 出现了古代最伟大的数学家(同时也是物理学家、工程师)**阿基米德**(Archimedes, 287–212 B.C.). 他首次提出了一个可以将π的数值计算到任意精度的一般性的方法.

他的方法的根据是: 圆内接正多边形的周长比圆周长小, 而圆外切正多边形的周长比圆周长大. 将圆内接正多边形及圆外切正多边形的边数不断加倍, 它们就愈来愈接近圆周.当圆内接及外切正多边形的边数相当大时, 它们的周长就是圆周长的近似值, 其中一个略小, 一个略大. 而要提高计算的精度, 只要将边数进一步加倍就可以了.

我们仿照后来**刘徽**的叫法, 将这一类方法称为**割圆术**.由于这种方法差不多一直使用了19个世纪, 这里对其作一些比较详细的说明.但需注意, 在阿基米德时代, 所使用的工具只有欧几里得几何, 包括毕达哥拉斯定理(勾股定理).

在下面的讨论中, 圆的半径r实际上不起本质的作用, 这也是π的数值与半径r无关的一个根据. 因此, 不妨假设

$$r = 1. \tag{3.1}$$

此时求得的圆周长就是2π.

先考虑圆的内接正多边形.

要求圆内接正多边形的周长，只要知道此内接正多边形每边的长度.因为每次要求一个边数加倍的内接正多边形的周长，我们就必须知道如何从原先的内接正多边形的边长求出边数加倍后的内接正多边形的边长.

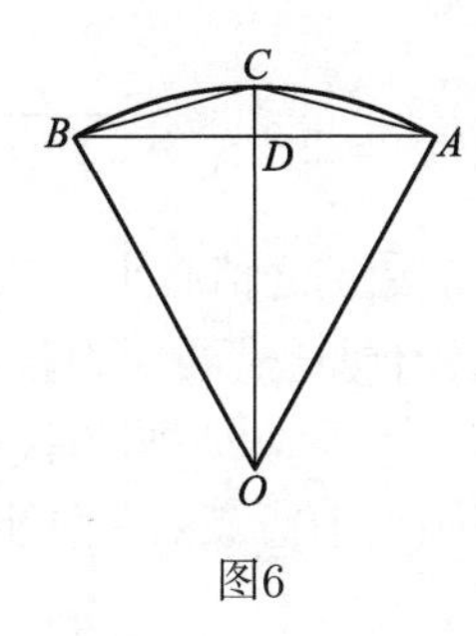

图6

设内接正n边形的边长为$S(n)$, 而内接正$2n$边形的边长为$S(2n)$. 由图6, 根据勾股定理, 并注意到$r=1$, 有

$$1=\overline{OD}^2+\overline{AD}^2=\left(1-\overline{CD}\right)^2+\overline{AD}^2 \tag{3.2}$$

及

$$\overline{AC}^2=\overline{CD}^2+\overline{AD}^2, \tag{3.3}$$

二式相减, 容易得到

$$\overline{CD}=\frac{\overline{AC}^2}{2}. \tag{3.4}$$

代入(3.3)式, 就得到

$$\overline{AC}^2 = \frac{\overline{AC}^4}{4} + \overline{AD}^2.$$

由于$\overline{AC} = S(2n), \overline{AD} = \frac{S(n)}{2}$, 由上式得

$$S^4(2n) - 4S^2(2n) + S^2(n) = 0. \qquad (3.5)$$

由此解得

$$S^2(2n) = 2 \pm \sqrt{4 - S^2(n)}.$$

因为显然有$n \geqslant 3, S(n)$之值必小于圆的直径2, 根号中的量为正, 不会出现复根.再因为若上式中取"+"号, 就会有$S(2n) > \sqrt{2}$, 而$\sqrt{2}$是圆内接正方形的边长, 这是不可能的. 因此, 有意义的解只能在上式中取"−"号, 于是得到

$$S(2n) = \sqrt{2 - \sqrt{4 - S^2(n)}}. \qquad (3.6)$$

这就是由一个圆内接正多边形边长$S(n)$求边数加倍后新的圆内接正多边形边长$S(2n)$的公式.它是通过开平方实现的.

在求得了$S(2n)$以后, 相应的圆内接正 $2n$ 边形的周长$2n \cdot S(2n)$就可取为圆周长2π的(不足)近似值.于是就得到

$$\pi \underset{(>)}{\approx} nS(2n). \qquad (3.7)$$

在每次计算中将 n 值不断加倍, 结果将愈来愈精确.

用这个方法来得到π的近似值，要从某个圆内接正n_0边形开始来进行计算．作为出发点的这个圆内接正多边形的边数n_0，原则上可以是任意的，但在具体计算时总希望其边长易于计算，且表示式简单．这是数学思维方式的一个特点：在众多的可能性面前，要选择按某一目标来说为最优的那一个可能性，决不自找麻烦．显然，最简单地可取

$$n_0 = 6, \tag{3.8}$$

此时

$$S(n_0) = 1. \tag{3.9}$$

因此，由(3.6)式，依次就有

$$\begin{aligned} &S(2n_0) = \sqrt{2-\sqrt{3}}, \\ &S(2^2 n_0) = \sqrt{2-\sqrt{2+\sqrt{3}}}, \\ &S(2^3 n_0) = \sqrt{2-\sqrt{2+\sqrt{2+\sqrt{3}}}}, \\ &\cdots\cdots \end{aligned}$$

一般地，就有

$$S(2^k n_0) = \sqrt{2-\sqrt{\underbrace{2+\sqrt{2+\cdots+\sqrt{2}}}_{(k-1)\text{个}}+\sqrt{3}}}$$

$$(k = 1, 2, \cdots). \tag{3.10}$$

于是，在k值适当大时，就得到

$$\pi \underset{(>)}{\approx} 2^{k-1} n_0 S(2^k n_0)$$

$$= 2^{k-1} \cdot 6 \cdot \sqrt{2 - \sqrt{\underbrace{2 + \sqrt{2 + \cdots + \sqrt{2}}}_{(k-1)\text{个}} + \sqrt{3}}}. \quad (3.11)$$

这个式子的右端就给出了π的一个(不足)近似值.

(3.11) 式是由(3.6)、(3.7) 式利用圆内接正六边形($n_0 = 6$) 计算的结果. (3.10) 式给出了第k 次将边数加倍后圆内接正多边形边长的明显表达式, 而(3.6) 式给出的只是由边数加倍前的边长求得边数加倍后的边长的递推公式. 表面上看, 似乎(3.10) 式更为直截了当, 也更清楚有用. 但从逐次计算π 的近似值的角度看, 每将边数加倍一次, 按(3.10) 式计算边长, 需要重新进行一连串的开方运算, 而用(3.6)式计算边长, 只需在前次算得的边长的基础上通过很少量的开方运算就可以得到, 计算工作量要减少好多. 因此, 作为一种递推公式的(3.6)式, 它虽然不能像(3.10)式那样一目了然, 但特别适宜于将边数不断加倍的多次重复运算, 也便于用计算机来求解. 从这儿可以看到, 将同一个量用不同的方式来表示, 并不是一种无聊的数学游戏. 不同表示式的效果不可能完全一样, 要根据实际需要恰当地加以选取.

上面我们从内接正六边形出发进行了计算.我们也可以从内接正方形出发来进行计算, 即取

$$n_0 = 4, \quad (3.12)$$

而

$$S(n_0) = \sqrt{2}. \tag{3.13}$$

这时就有

$$\begin{aligned} S(2n_0) &= \sqrt{2-\sqrt{2}}, \\ S(2^2n_0) &= \sqrt{2-\sqrt{2+\sqrt{2}}}, \\ S(2^3n_0) &= \sqrt{2-\sqrt{2+\sqrt{2+\sqrt{2}}}}, \\ &\cdots\cdots\cdots\cdots \end{aligned}$$

一般地, 就有

$$S(2^kn_0) = \sqrt{2-\sqrt{\underbrace{2+\sqrt{2+\cdots+\sqrt{2}}}_{(k-1)\text{个}}+\sqrt{2}}}$$

$$(k=1,2,\cdots). \tag{3.14}$$

于是, 在k值适当大时, 就得到

$$\begin{aligned} \pi &\underset{(>)}{\approx} 2^{k-1}n_0S(2^kn_0) \\ &= 2^{k+1}\cdot\sqrt{2-\sqrt{\underbrace{2+\sqrt{2+\cdots+\sqrt{2}}}_{(k-1)\text{个}}+\sqrt{2}}}. \end{aligned} \tag{3.15}$$

这是一个全部用2及平方根表示的式子, 和(3.11)式相比, 更给人带来一种美感.

由于三角形两边之和必大于第三边, 由图6, 必

成立

$$2S(2n) > S(n), \tag{3.16}$$

于是

$$2nS(2n) > nS(n), \tag{3.17}$$

即圆内接正多边形的周长在边数加倍后增加. 当边数不断加倍时, 圆内接正多边形的周长就构成一个单调递增的数列. 同时, 因为这个数列中的每一项都不超过圆周长2π, 这个数列有上界. 由于单调有界数列必有极限, 而在边数加倍时圆内接正多边形愈来愈接近圆周, 这个数列的极限就是圆周长2π.

这样, 利用圆内接正多边形, 只要会开平方, 原则上就可以从下方求得接近到任意精度的π的近似值.

现在再来看圆的外切正多边形.

设外切正n边形的边长为$\overline{S}(n)$. 见图7, 由于两个直角三角形$\triangle OAD$及$\triangle OEC$相似, 有

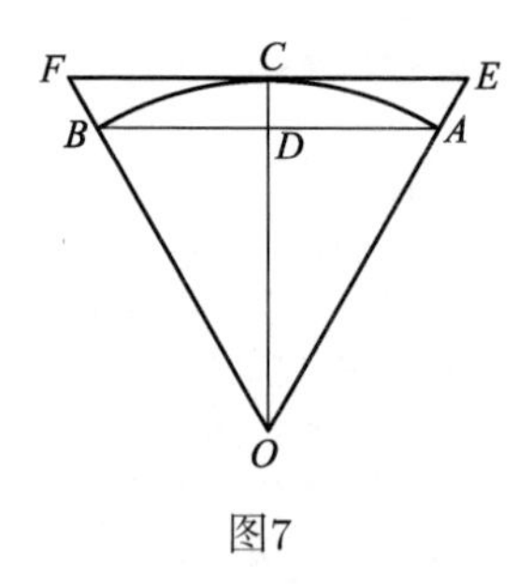

图7

$$\frac{\overline{CE}}{\overline{DA}} = \frac{\overline{OC}}{\overline{OD}}.$$

但

$$\overline{CE}=\frac{\overline{S}(n)}{2},\overline{DA}=\frac{S(n)}{2},\overline{OC}=1,$$

$$\overline{OD}=\sqrt{1-\left(\frac{S(n)}{2}\right)^2},$$

就有

$$\frac{\overline{S}(n)}{S(n)}=\frac{1}{\sqrt{1-\left(\frac{S(n)}{2}\right)^2}},$$

从而外切正n边形的边长$\overline{S}(n)$可由内接正n边形的边长$S(n)$来表示:

$$\overline{S}(n)=\frac{S(n)}{\sqrt{1-\left(\frac{S(n)^2}{2}\right)}}. \tag{3.18}$$

这就是说, 只要知道了圆内接正n边形的边长$S(n)$, 就可通过开平方来求得外切正n边形的边长$\overline{S}(n)$. 因此, 外切正$2n$边形的周长为

$$2n\overline{S}(2n)=\frac{2nS(2n)}{\sqrt{1-\left(\frac{S(2n)}{2}\right)^2}}.$$

它比圆周长2π要大. 于是, 当n取得适当大时, 就得到

$$\pi\underset{(<)}{\approx}\frac{nS(2n)}{\sqrt{1-\left(\frac{S(2n)}{2}\right)^2}}. \tag{3.19}$$

由三角形两边之和大于第三边, 易知将外切正多边形的边数加倍时, 外切正多边形的周长缩小. 因此, 在边数不断加倍时, 外切正多边形的周长就构成一个单调递减的数列, 且有下界(均大于圆周长2π), 故有极限. 这个极限就是圆周长2π.

这样, 利用圆内接及外切正多边形, 由(3.7)及(3.19) 式就有

$$\frac{nS(2n)}{\sqrt{1-\left(\frac{S(2n)}{2}\right)^2}} \underset{(>)}{\approx} \pi \underset{(>)}{\approx} nS(2n). \tag{3.20}$$

在边数n适当大时, 就得到将π值夹在其间的两个足够精确的近似值(一个为不足近似值, 一个为过剩近似值), 而且随着边数的不断加倍, 可以将π之值求到任意给定的精度.这就给出了计算π值的一个有效的方法, 只要有耐心, 只要有毅力, 只要掌握了必要的计算工具, 原则上可以计算π值到任意的精度, 而不会有本质上的困难.

四、割圆术——从阿基米德到刘徽(下)

应该指出，生于三国时代魏国的**刘徽**，在对中国古代算经《九章算术》作注时，在公元264年也提出了类似的算法，割圆术也是刘徽命名的.

图8　刘徽

刘徽在《九章算术》“圆田术”注中写道:

割之弥细，所失弥少.

割之又割，以至于不可割，

则与圆周合体，而无所失矣.

这就用朴素的极限语言概括了他的割圆术思想.

刘徽用了正192边形($k=5$), 求得

$$3.141024 < \pi < 3.142704, \tag{4.1}$$

并用了3072边形($k=9$), 求得

$$\pi \approx 3.14159. \tag{4.2}$$

这在当时是非常精确的结果.

刘徽不仅得到了相当精确的π的近似值, 而且和阿基米德一样, 提出了一个可以计算π值到任意精度的一般性的方法. 这虽然已在阿基米德之后五个多世纪, 但处于当时的条件, 刘徽不可能知道阿基米德, 也不可能知道欧几里得几何学, 他的工作是具有原创性的.

更值得一提的是, 刘徽与阿基米德不同, 考虑的是圆内接及外切正多边形的面积, 而不是它们的周长.从图形上更容易直观地看出, 圆的面积π必夹在圆的内接正多边形面积及外切正多边形面积之间, 因此当边数n适当大时, 圆内接正n边形的面积及圆外切正n边形的面积分别给出π的一个较好的不足近似值及过剩近似值, 而且随着边数不断加倍, 可将π值求到任意所需的精度.

记$A(n)$为圆内接正n边形的面积, 而$\bar{A}(n)$为圆外切正n边形的面积.

显然有

$$\bar{A}(n) \underset{(>)}{\approx} \pi \underset{(>)}{\approx} A(n),$$

由图9(其中AB是内接正n边形的一边), 即有

$$n\cdot\triangle OEF\text{的面积}\underset{(>)}{\approx}\pi\underset{(>)}{\approx}n\cdot\triangle OAB\text{的面积}.$$

但易知

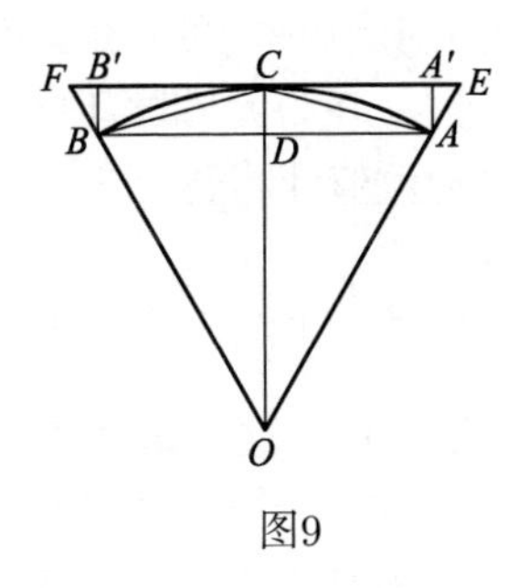

图9

$$\begin{aligned}&n\cdot\triangle OEF\text{的面积}\\>\ &n\cdot(\triangle OAB\text{的面积}+\text{矩形}A'ABB'\text{的面积})\\=\ &n\cdot[2\triangle OAC\text{的面积}+(2\triangle OAC\text{的面积}-\\&\triangle OAB\text{的面积})]\\=\ &A(2n)+[A(2n)-A(n)]=2A(2n)-A(n)>\pi,\end{aligned}$$

于是就得到

$$2A(2n)-A(n)\underset{(>)}{\approx}\pi\underset{(>)}{\approx}A(n).\tag{4.3}$$

这就是刘徽实际用来计算π近似值的公式. 这样做, 避免了计算圆外切正多边形的面积, 而只需要计算圆内接正多边形的面积, 计算比较简便; 更重要地, 其中用一个小于圆外切正多边形的面积来代替圆外

切正多边形面积作为π的过剩近似值, 还提高了计算的精度.这是刘徽方法超过阿基米德方法的地方, 是可圈可点的. 顺便指出, 在中国古代的几何学中, 重视考虑图形的面积是一个突出的特点, 在这里也可看到它的优势.

讲到中国学者对圆周率π的贡献, 有必要提到**祖冲之**. 他是南北朝人, 在公元5世纪时可能是利用了刘徽的方法, 将π的数值计算到

$$3.1415926 < \pi < 3.1415927, \tag{4.4}$$

精确到小数点后第七位. 这样精确的π值在欧洲直到16世纪才得到, 领先了足足11个世纪. 能够做到这一点, 并不是中国人有什么优秀的计算设备, 也不是由于中国一开始就用了十进位(巴比伦用六十进位, 法国曾用二十进位), 而是由于中国人发明了"零"这个数字, 凡有零的地方就留下一个空格(后来印度人用"0"来表示零), 在运算中就不会发生混淆. 欧洲人在很长时间中不知道这一点, 当零这个符号在中世纪末期及文艺复兴初期传到欧洲时, 还曾被认为是异端邪说、是异教的符号而加以禁止. 零是一个伟大的发现, 在没有用零这个符号时, 欧洲人很少精通乘与除的艺术, 更谈不上用割圆术求π值必需的开方运算了. 说祖冲之求得的π值到16世纪才在欧洲得到, 还不如说到16世纪欧洲人才用了零的符号. 从这一点也可以看到, 数学是一种先进的文化, 没有零的发现, 我们现在可能还不能正确进行乘除运算, 还像当年欧洲人那样处于中世纪的黑暗之中, 真正是"万古

长如夜”了.

祖冲之是一位伟大的科学家, 在数学、天文及历法方面都有杰出的贡献. 但就π值的计算来说, 是刘徽确立了原则, 而祖冲之更多是具体地执行, 刘徽的贡献应该说远远超过了祖冲之. 然而, 在公众中及媒体上, 往往只知有祖, 不知有刘, 实在是有失偏颇. 我们应该给刘徽正名, 给他以应有的地位.

图10　祖冲之

祖冲之对圆周率的贡献, 特别使人吃惊和感兴趣的是他的密率

$$\pi \approx \frac{355}{113} \tag{4.5}$$

(其值为$3.1415929\cdots$). 这比他的疏率

$$\pi \approx \frac{22}{7} \tag{4.6}$$

(其值为$3.\dot{1}4285\dot{7}$)要精确得多, 且简单易记. 这个结果直到1573年才为德国人**奥托**(V. Otho) 所重新发现, 那已是一千多年以后的事了.

祖冲之是怎样求得他的密率的?因为文献资料的缺失，到现在还是一个谜. 不少人对此作了种种猜测，但均无法证实. 下面我们介绍**华罗庚**先生用连分数的理论来进行的解释.

任何一个实数都可以写成**连分数**的形式. 这里仅以有理数2.13为例进行说明. 容易看到

$$\begin{aligned}2.13 &= 2+\frac{13}{100} = 2+\frac{1}{\frac{100}{13}} = 2+\frac{1}{7+\frac{9}{13}} \\ &= 2+\frac{1}{7+\frac{1}{\frac{13}{9}}} = 2+\frac{1}{7+\frac{1}{1+\frac{4}{9}}} \\ &= 2+\frac{1}{7+\frac{1}{1+\frac{1}{\frac{9}{4}}}} = 2+\frac{1}{7+\frac{1}{1+\frac{1}{2+\frac{1}{4}}}},\end{aligned} \tag{4.7}$$

简记为

$$2.13 = 2+\frac{1}{7}+\frac{1}{1}+\frac{1}{2}+\frac{1}{4}. \tag{4.7$'$}$$

这就将2.13写成连分数的形式，而这种方法称为**辗转相除法**.

将一个数写成连分数，就可以求它的**渐近分数**. 在(4.7)式中，略去右下角的$\frac{1}{4}$，就得到

$$\begin{aligned}2.13 &\approx 2+\frac{1}{7+\frac{1}{1+\frac{1}{2}}} = 2+\frac{1}{7+\frac{2}{3}} = 2+\frac{3}{23} \\ &= \frac{49}{23}(> 2.13),\end{aligned}$$

再略去上式第二部分中右下角的$\frac{1}{2}$, 就得到

$$2.13 \approx 2+\frac{1}{7+1}=2+\frac{1}{8}=\frac{17}{8}(<2.13),$$

再略去上式第二部分中右下角的1, 就得到

$$2.13 \approx 2+\frac{1}{7}=\frac{15}{7}(>2.13),$$

最后, 略去上式第二部分中的$\frac{1}{7}$, 就得到

$$2.13 \approx 2(<2.13).$$

这样, 2.13的渐近分数分别为

$$2(-), \quad 2\frac{1}{7}(+), \quad 2\frac{1}{8}(-), \quad 2\frac{3}{23}(+),$$

其中括号内的"+"、"−"分别表示过剩值或不足值. 这些渐近分数和2.13相比, 其值大小相隔. 我们可以分别用这些渐近分数来作为2.13的近似值.

现在来求π的渐近分数. 由(4.4)式, 取3.1415926及3.1415927的算术平均值3.14159265来作为π的近似值, 将它化为连分数, 再求其相应的渐近分数.

采用上面同样的方法, 可以算得

$$3.14159265 = 3+\cfrac{1}{7+\cfrac{1}{15+\cfrac{1}{1+\cfrac{1}{288+\cfrac{1}{1+\cfrac{1}{2+\cfrac{1}{1+\cfrac{1}{3+\cfrac{1}{1+\cfrac{1}{7+\cfrac{1}{4}}}}}}}}}}}, \tag{4.8}$$

或简记为

$$3.14159265=3+\frac{1}{7}+\frac{1}{15}+\frac{1}{1}+\frac{1}{288}+\frac{1}{1}$$
$$+\frac{1}{2}+\frac{1}{1}+\frac{1}{3}+\frac{1}{1}+\frac{1}{7}+\frac{1}{4}. \tag{4.8$'$}$$

由此可以依次求其渐近分数.

第一个渐近分数为

$$\pi\approx 3(-),$$

这相当于《周髀算经》中所说的“径一周三”.

第二个渐近分数为

$$\pi\approx 3+\frac{1}{7}=\frac{22}{7}(+),$$

这就是由(4.6)式给出的祖冲之的疏率.

第三个渐近分数为

$$\pi\approx 3+\cfrac{1}{7+\cfrac{1}{15}}=\frac{333}{106}(-).$$

第四个渐近分数为

$$\pi\approx 3+\cfrac{1}{7+\cfrac{1}{15+\cfrac{1}{1}}}=\frac{355}{113}(+),$$

这就是由(4.5)式给出的祖冲之的密率.

第五个渐近分数则是

$$\pi \approx 3+\cfrac{1}{7+\cfrac{1}{15+\cfrac{1}{\cfrac{1}{288}}}}=\frac{102573}{32650}(-),$$

等等. 在这些渐近分数中, 就既简单易记又精确而言, 首推密率$\frac{355}{113}$.

五、割圆术(续)

在经过了中世纪漫长的黑暗统治以后，出现了文艺复兴的伟大时期，欧洲的科学与文化达到了一个鼎盛的状态.所谓文艺复兴，说穿了就是恢复古希腊的文明.在文艺复兴时期对π的计算，靠的还是阿基米德的割圆术，但多了新的数学工具——**三角函数**.

三角学在古希腊时代实际上已经有了. 但那时主要是针对天文上的需要，出现的并不是平面三角，而是球面三角. 在文艺复兴时期，由于**哥白尼**(1473—1543)及**开普勒**(1571—1630)的努力，已经有了相当精确的三角函数表.

有了三角函数的帮助，割圆术的表达就变得格外简便，并出现了新的篇章.

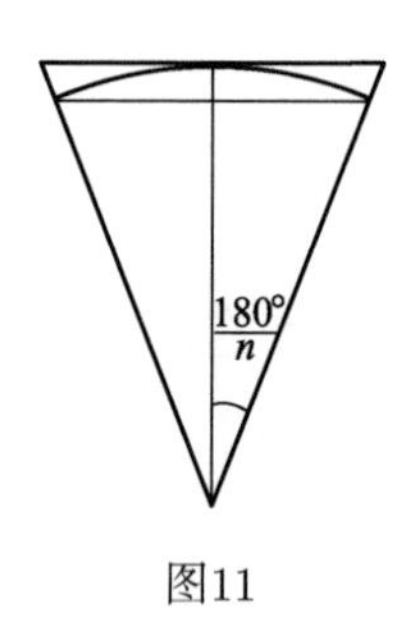

图11

如图11, 单位圆的内接正n边形的边长用三角函数可简单地表示为

$$S(n)=2\sin\frac{180^\circ}{n}, \tag{5.1}$$

而外切正n边形的边长则为

$$\overline{S}(n)=2\tan\frac{180^\circ}{n}. \tag{5.2}$$

因此, 圆内接正n边形的周长为$2n\sin\dfrac{180^\circ}{n}$, 圆外切正$n$边形的周长为$2n\tan\dfrac{180^\circ}{n}$. 于是, 就得到

$$n\sin\frac{180^\circ}{n}<\pi<n\tan\frac{180^\circ}{n}\quad(n\geqslant 3, \text{整数}). \tag{5.3}$$

在上式中取n为足够大的整数, 就可以得到π的一个不足近似值及一个过剩近似值. n取得愈大, 这些近似值就愈精确, 并可达到任何事先指定的精度.

(5.3)式和前面的(3.20)式本质上是一回事, 但采用了三角函数表示, 形式要简单得多, 而且只要有了三角函数表, 取足够大的n值就可直接利用(5.3)式求得π的近似值, 而不必像前面一样不断将边数加倍重复地进行计算. 但为了精确计算π的近似值, 必须要有愈来愈精确的三角函数表, 这也不是一件轻而易举之事. 从实际计算的角度, 说不定还是前面开平方的办法更便于操作一些.

但利用了三角函数, 毕竟有了一个不同形式的表达公式, 而同一事物的不同表达方式效果并不是完全相同的. 利用三角函数的表达方式以及三角函

数的性质就可以得到另外一些结论, 并为π的计算给出了另外一些可能的途径.

由图11易知, 圆内接正n边形的面积为

$$A(n)=\frac{n}{2}\sin\frac{360^\circ}{n}=n\sin\beta\cos\beta, \tag{5.4}$$

其中记

$$\beta=\frac{180^\circ}{n}. \tag{5.5}$$

于是, 圆内接正$2n$边形的面积为

$$A(2n)=n\sin\frac{180^\circ}{n}=n\sin\beta. \tag{5.6}$$

这样, 我们得到

$$\frac{A(n)}{A(2n)}=\cos\beta, \tag{5.7}$$

其中β由(5.5)式给出.

从圆内接正n_0边形出发, 不断将边数加倍, 就得到

$$\begin{aligned}\frac{A(n_0)}{A(2^kn_0)}&=\frac{A(n_0)}{A(2n_0)}\times\frac{A(2n_0)}{A(2^2n_0)}\times\cdots\times\frac{A(2^{k-1}n_0)}{A(2^kn_0)}\\&=\cos\beta_0\cos\frac{\beta_0}{2}\cdots\cos\frac{\beta_0}{2^{k-1}},\end{aligned} \tag{5.8}$$

其中

$$\beta_0=\frac{180^\circ}{n_0}, \tag{5.9}$$

而

$$A(n_0)=\frac{n_0}{2}\sin2\beta_0. \tag{5.10}$$

在(5.8)式中令$k \to +\infty$, 由于$A(2^k n_0) \to$ 圆面积π, 就得到

$$\pi = \frac{\frac{n_0}{2}\sin 2\beta_0}{\cos\beta_0 \cos\frac{\beta_0}{2}\cos\frac{\beta_0}{4}\cdots}, \tag{5.11}$$

其分母是一个**无穷乘积**.

特别取$n_0 = 4$, 就有

$$\beta_0 = \frac{180^\circ}{4}, \qquad \sin 2\beta_0 = 1,$$

从而得到

$$\pi = \frac{2}{\cos\frac{180^\circ}{4}\cos\frac{180^\circ}{8}\cos\frac{180^\circ}{16}\cdots}. \tag{5.12}$$

已知

$$\cos\frac{180^\circ}{4} = \frac{\sqrt{2}}{2},$$

利用半角公式

$$\cos\frac{\theta}{2} = \frac{1}{2}\sqrt{2+2\cos\theta}, \tag{5.13}$$

就可依次求得

$$\cos\frac{180^\circ}{8} = \frac{1}{2}\sqrt{2+\sqrt{2}},$$

$$\cos\frac{180^\circ}{16} = \frac{1}{2}\sqrt{2+\sqrt{2+\sqrt{2}}},$$

$$\cdots\cdots\cdots\cdots$$

代入(5.12)式, 就得到

$$\pi = 2 \cdot \frac{2}{\sqrt{2}} \cdot \frac{2}{\sqrt{2+\sqrt{2}}} \cdot \frac{2}{\sqrt{2+\sqrt{2+\sqrt{2}}}} \cdots. \tag{5.14}$$

这是由割圆术出发, 利用三角函数而得到的一个用根式的无穷乘积来表示π的公式. 这是一个只用2及平方根$\sqrt{\ }$表示的公式, 也是第一个关于π的公式. 它是法国业余数学家**韦达**(F.Viète) 在1593年提出的. 利用这个公式, 只要将右端的无穷乘积在适当的地方截断, 计算相应的有限乘积就可以得到π的一个近似值. 这就为π的计算提供了另一个可行的方法.

用这个方法来计算π, 不仅开平方的运算相当麻烦, 而且精度不高(为了达到足够的精度, 要计算很多项的乘积!), 因此并没有太多实用上的价值, 但这毕竟开辟了另一个可能的途径, 促使人们思考能不能另辟蹊径来计算π的值, 预示了后来的发展.同时, 有了形如(5.14)的解析表达式, 原则上还可以由此讨论π的性质, 这是任何近似计算公式所无法匹敌的.

类似地, 特别取$n_0 = 6$, 就有

$$\beta_0 = \frac{180^\circ}{6}, \quad \sin 2\beta_0 = \frac{\sqrt{3}}{2},$$

从而由(5.11)式得到

$$\pi = \frac{\frac{3}{2}\sqrt{3}}{\cos\frac{180^\circ}{6}\cos\frac{180^\circ}{12}\cos\frac{180^\circ}{24}\cdots}. \tag{5.15}$$

利用$\cos\frac{180^\circ}{6}=\frac{\sqrt{3}}{2}$及半角公式(5.13), 最终我们可以得到另一个用平方根式的无穷乘积表示π的公式:

$$\pi = 3\cdot\frac{2}{\sqrt{2+\sqrt{3}}}\cdot\frac{2}{\sqrt{2+\sqrt{2+\sqrt{3}}}}\cdot\frac{2}{\sqrt{2+\sqrt{2+\sqrt{2+\sqrt{3}}}}}\cdots. \tag{5.16}$$

与(5.14)式相比, 这个式子显然缺少美感, 也不便记忆.

六、别开生面

在阿基米德提出割圆术以后的一千九百年中，虽然π值的计算精度愈来愈高，所用的方法还是阿基米德的方法，但历史终于走到一个转折点上了.

π的历史出现这一个重要的转折点，本质上说，是由于微积分的发现及兴起. 微积分是**牛顿**和**莱布尼茨**发明的，但在他们前面有一些先驱人物. 最早可以追溯到阿基米德及刘徽，他们提出的割圆术中已相当自觉地运用了“无穷”和“愈来愈接近”等属于微积分的基本概念，而比牛顿早生了近二十年的法国数学家**帕斯卡**(B. Pascal, 1623—1662)更是其中突出的一位，他的一些独特的想法为微积分的诞生及π的新计算方法奠定了基础.

图12　帕斯卡

帕斯卡是一个神童，13岁时就发现了二项式展开的帕斯卡三角形(在我国称为杨辉三角):

$$\begin{array}{ccccccccccc} & & & & & 1 & & & & & \\ & & & & 1 & & 1 & & & & \\ & & & 1 & & 2 & & 1 & & & \\ & & 1 & & 3 & & 3 & & 1 & & \\ & 1 & & 4 & & 6 & & 4 & & 1 & \\ \vdots & & \vdots & & \vdots & & \vdots & & \vdots & & \vdots \end{array}$$

他16岁时发现了任何圆内接六边形的三组对边的交点共线，后称帕斯卡定理，是射影几何学的一个重要的基础.

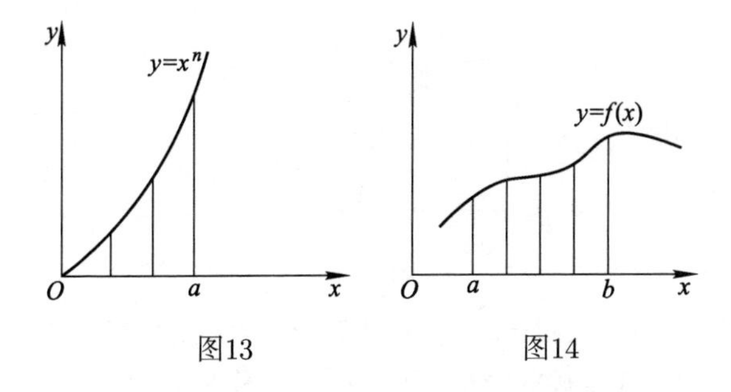

图13　　图14

帕斯卡的一个历史性的贡献，是用一系列小面积的和来求曲线下的面积，这是定积分的雏形. 特别地，他得到了幂函数的积分公式(参见图13):

$$\int_0^a x^n \mathrm{d}x = \frac{a^{n+1}}{n+1} (n > 0, \text{整数}). \qquad (6.1)$$

按照微积分的理论，在区间$[a,b]$上曲线$y =$

$f(x)$ $(\geqslant 0)$下方的面积为

$$\int_a^b f(x)\mathrm{d}x,$$

参见图14. 现在看单位圆在第一象限中的部分(图15), 其方程为

$$y=\sqrt{1-x^2}\ \ (x\geqslant 0),$$

而其下的面积为$\dfrac{\pi}{4}$. 于是

$$\int_0^1 \sqrt{1-x^2}\mathrm{d}x=\frac{\pi}{4}. \tag{6.2}$$

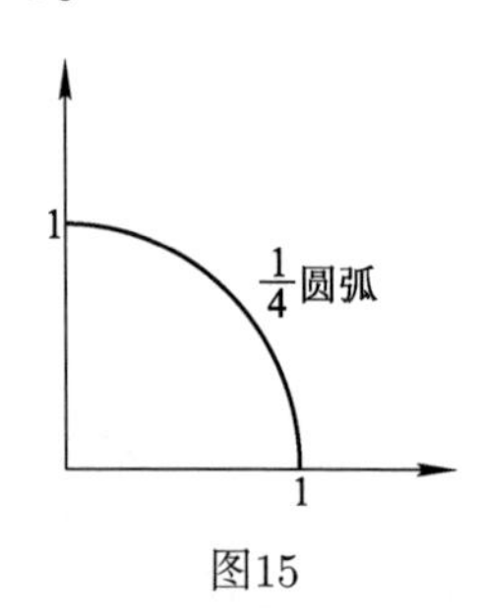

图15

因此, 为了求得π, 只需要计算上式左边的积分. 为此目的, 我们要将被积函数$\sqrt{1-x^2}$作幂级数展开.

我们已知, 在n为正整数时, 可以对$(1+y)^n$作二项式展开:

$$\begin{aligned}
&(1+y)^2=1+2y+y^2,\\
&(1+y)^3=1+3y+3y^2+y^3,\\
&(1+y)^4=1+4y+6y^2+4y^3+y^4,\\
&\cdots\cdots\cdots\cdots
\end{aligned}$$

这就是帕斯卡三角形的应用. 一般地说, 在n为正整

数时, 我们有

$$(1+y)^n = 1 + ny + \frac{n(n-1)}{2!}y^2 + \cdots + \frac{n(n-1)\cdots(n-k+1)}{k!}y^k + \cdots + y^n. \tag{6.3}$$

在a为任意实数时, 对$(1+y)^a$也可以作类似的展开, 即有

$$(1+y)^a = 1 + ay + \frac{a(a-1)}{2!}y^2 + \cdots + \frac{a(a-1)\cdots(a-k+1)}{k!}y^k + \cdots, \tag{6.4}$$

这称为**幂级数展开**. 在a为正整数n时, 如(6.3)式所示, 这一展开式到某一项就终止, 是有限和式; 但在a为实数时, 这通常却是一个无限和式, 即**无穷级数**. 微积分告诉我们, (6.4)式对满足$|y| < 1$的y值成立, 且特别在a为正实数时, (6.4)式对满足$|y| \leqslant 1$的y值均成立, 即此时(6.4)式右端的级数收敛, 并等于左端之值. 这样, $(1+y)^a$总可以用幂级数展开式来表示.

将幂级数展开的方法用于(6.2)式左端的被积函数$\sqrt{1-x^2}$, 就有

$$\begin{aligned}\sqrt{1-x^2} =& (1-x^2)^{\frac{1}{2}} = (1+y)^{\frac{1}{2}} (\text{令} y=-x^2) \\ =& 1 + \frac{1}{2}y + \frac{\frac{1}{2}\left(-\frac{1}{2}\right)}{2!}y^2 + \frac{\frac{1}{2}\left(-\frac{1}{2}\right)\left(-\frac{3}{2}\right)}{3!}y^3 \\ &+ \frac{\frac{1}{2}\left(-\frac{1}{2}\right)\left(-\frac{3}{2}\right)\left(-\frac{5}{2}\right)}{4!}y^4 + \cdots\end{aligned}$$

$$
\begin{aligned}
&= 1 - \frac{1}{2}x^2 - \frac{1}{2^2 \cdot 2!}x^4 - \frac{3 \cdot 1}{2^3 \cdot 3!}x^6 \\
&\quad - \frac{5 \cdot 3 \cdot 1}{2^4 \cdot 4!}x^8 - \cdots . \qquad (6.5)
\end{aligned}
$$

于是, 利用(6.1)式将上式右端逐项积分, 由(6.2)式就容易得到

$$
\frac{\pi}{4} = 1 - \frac{1}{3 \cdot 2} - \frac{1}{5 \cdot 2 \cdot 4} - \frac{3 \cdot 1}{7 \cdot 2 \cdot 4 \cdot 6} - \frac{5 \cdot 3 \cdot 1}{9 \cdot 2 \cdot 4 \cdot 6 \cdot 8} - \cdots . \qquad (6.6)
$$

这就提供了一个用无穷级数表示的计算π的公式, 它不是由割圆术得到的.

这个公式中虽不包含根号, 但缺少规律性, 不便于记忆. 下面再看几个基于积分理论和幂级数展开而得到的π的表示式.

第一个例子属于苏格兰人**格里高利**(J.Gregory), 他利用$\tan^{-1} x$的幂级数展开, 于1671年发现了历史上第一个用无穷级数来表示π的公式. 我们有

$$
\int_0^x \frac{\mathrm{d}x}{1+x^2} = \tan^{-1} x. \qquad (6.7)
$$

将其中的被积函数作幂级数展开, 得

$$
\begin{aligned}
\frac{1}{1+x^2} &= (1+x^2)^{-1} = (1+y)^{-1}(\text{令}y = x^2) \\
&= 1 - y + y^2 - y^3 + \cdots \\
&= 1 - x^2 + x^4 - x^6 + \cdots . \qquad (6.8)
\end{aligned}
$$

将上式代入(6.7)式的左端, 利用(6.1)式进行逐项积分, 就得到$\tan^{-1} x$的幂级数展开式:

$$
\tan^{-1} x = x - \frac{x^3}{3} + \frac{x^5}{5} - \frac{x^7}{7} + \cdots (|x| \leqslant 1). \qquad (6.9)
$$

在(6.9)式中取$x=1$, 就有

$$\frac{\pi}{4}=1-\frac{1}{3}+\frac{1}{5}-\frac{1}{7}+\cdots. \tag{6.10}$$

上式右端的级数称为**莱布尼茨级数**. 它不包含根号, 具有十分简单的形式, 但其收敛速度很慢, 算了300多项, 还算不出小数点后的两位准确数字, 因此不宜于实际进行π值的计算. 要找到快速收敛的级数来表示π, 有待于微积分的进一步发展, 这给**牛顿**(1643—1727)及其他人提供了用武之地.

图16　牛顿

牛顿利用积分式

$$\int_0^x \frac{\mathrm{d}x}{\sqrt{1-x^2}}=\sin^{-1}x, \tag{6.11}$$

其中被积函数的幂级数展开为

$$\frac{1}{\sqrt{1-x^2}}=(1-x^2)^{-\frac{1}{2}}=(1+y)^{-\frac{1}{2}}(\text{令}y=-x^2)$$

$$
\begin{aligned}
&= 1 - \frac{1}{2}y + \frac{1\cdot 3}{2\cdot 4}y^2 - \frac{1\cdot 3\cdot 5}{2\cdot 4\cdot 6}y^3 + \cdots \\
&= 1 + \frac{1}{2}x^2 + \frac{1\cdot 3}{2\cdot 4}x^4 + \frac{1\cdot 3\cdot 5}{2\cdot 4\cdot 6}x^6 + \cdots. \quad (6.12)
\end{aligned}
$$

代入(6.11)式左端, 并利用(6.1)式进行逐项积分, 就得到$\sin^{-1} x$的幂级数展开式:

$$
\begin{aligned}
\sin^{-1} x =& x + \frac{1}{2\cdot 3}x^3 + \frac{1\cdot 3}{2\cdot 4\cdot 5}x^5 \\
&+ \frac{1\cdot 3\cdot 5}{2\cdot 4\cdot 6\cdot 7}x^7 + \cdots (|x| \leqslant 1). \quad (6.13)
\end{aligned}
$$

在(6.13)式中取$x = \frac{1}{2}$, 就得到

$$
\frac{\pi}{6} = \frac{1}{2} + \frac{1}{2\cdot 3\cdot 2^3} + \frac{1\cdot 3}{2\cdot 4\cdot 5\cdot 2^5} + \frac{1\cdot 3\cdot 5}{2\cdot 4\cdot 6\cdot 7\cdot 2^7} + \cdots. \quad (6.14)
$$

这是又一个用无穷级数来表示π的公式, 但这个级数比莱布尼茨级数收敛要快得多.

还可以得到表示π的收敛更快的无穷级数表达式. 伦敦的一位天文学家**马青**(J.Machin)将格里高利的方法巧妙地加以了改进, 其方法如下: 令

$$
\tan\beta = \frac{1}{5},
$$

就有

$$
\tan 2\beta = \frac{2\tan\beta}{1-\tan^2\beta} = \frac{5}{12},
$$

$$
\tan 4\beta = \frac{2\tan 2\beta}{1-\tan^2 2\beta} = \frac{120}{119}.
$$

再注意到$\tan\frac{\pi}{4} = 1$, 就有

$$\tan\left(4\beta-\frac{\pi}{4}\right)=\frac{\tan 4\beta-\tan\frac{\pi}{4}}{1+\tan 4\beta\cdot\tan\frac{\pi}{4}}=\frac{1}{239}.$$

因此

$$\tan^{-1}\left(\frac{1}{239}\right)=4\beta-\frac{\pi}{4}=4\tan^{-1}\left(\frac{1}{5}\right)-\frac{\pi}{4},$$

于是

$$\frac{\pi}{4}=4\tan^{-1}\left(\frac{1}{5}\right)-\tan^{-1}\left(\frac{1}{239}\right). \tag{6.15}$$

利用前面格里高利已经得到的(6.9)式, 就得到

$$\begin{aligned}\frac{\pi}{4}=&4\left(\frac{1}{5}-\frac{1}{3\cdot 5^3}+\frac{1}{5\cdot 5^5}-\cdots\right)-\\&\left(\frac{1}{239}-\frac{1}{3\cdot 239^3}+\frac{1}{5\cdot 239^5}-\cdots\right).\end{aligned} \tag{6.16}$$

上式右端的两个无穷级数收敛都很快. **马青**在1706年用此法算出了π到小数点后一百位的近似值.

牛顿的事业有很多的继承者, 其中最突出的一位是**欧拉**(L.Euler, 1707—1783). 按**陈建功**先生的说法, 欧拉"是最伟大的十八世纪数学家, 瞽目十七年中创作惊人"(见图17).

2007年是**欧拉**诞辰300周年. 这位极为多产并在数学上留下不朽功勋的数学家, 也为我们留下了不少有关π的公式.例如他证明了下面一些无穷级数的表示式:

$$\frac{\pi^2}{6}=\frac{1}{1^2}+\frac{1}{2^2}+\frac{1}{3^2}+\cdots \tag{6.17}$$

图17　欧拉

及

$$\frac{\pi^2}{8} = \frac{1}{1^2} + \frac{1}{3^2} + \frac{1}{5^2} + \cdots. \tag{6.18}$$

将(6.17)式减去二倍后的(6.18)式，就得到

$$\frac{\pi^2}{12} = \frac{1}{1^2} - \frac{1}{2^2} + \frac{1}{3^2} - \frac{1}{4^2} + \cdots. \tag{6.19}$$

他还得到了无穷乘积的表示式

$$\frac{\pi^2}{6} = \frac{2^2}{2^2-1} \cdot \frac{3^2}{3^2-1} \cdot \frac{5^2}{5^2-1} \cdot \frac{7^2}{7^2-1} \cdots \tag{6.20}$$

以及其他许许多多有关π的公式. 他的研究是如此的详尽，以至以后很难有人再搞出更为精确、快速的计算π的公式. 可以说，他将π的历史在这方面画上了一个句号. 而圆周率用π这个记号，包括数学上其他一些记号如e,i,Σ, $f(x)$等等也都因为欧拉的使用而得到公认，并一直沿用至今.

七、另辟蹊径

在介绍了上面这一些计算π的方法以后，现在来介绍另一类计算方法. 这类方法利用了数学中关于概率的理论. 这个理论起源于赌博，前面提到的帕斯卡、欧拉等人对它的产生和发展都起了重要的作用.

怎样利用概率来计算π的数值呢?

1777年，一位数学家提出了下面的问题：在平面上画满了相互距离为d的平行线，将一长度为L $(< d)$的针任意地投掷在这个平面上，问针与这些平行线相交的概率是多少?换句话说，在投掷了很多次后，针掷中这些平行线的次数所占比率是多少?

设针中心和最近一条平行线的距离为x，其倾斜角为φ(见图18).

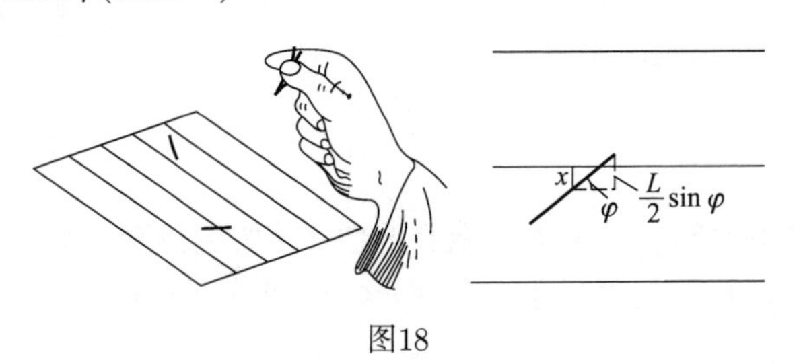

图18

显然,

$$0 \leqslant x \leqslant \frac{d}{2}, \tag{7.1}$$

$$0 \leqslant \varphi \leqslant \pi, \tag{7.2}$$

而针与直线相交的充要条件为

$$x \leqslant \frac{L}{2}\sin\varphi. \tag{7.3}$$

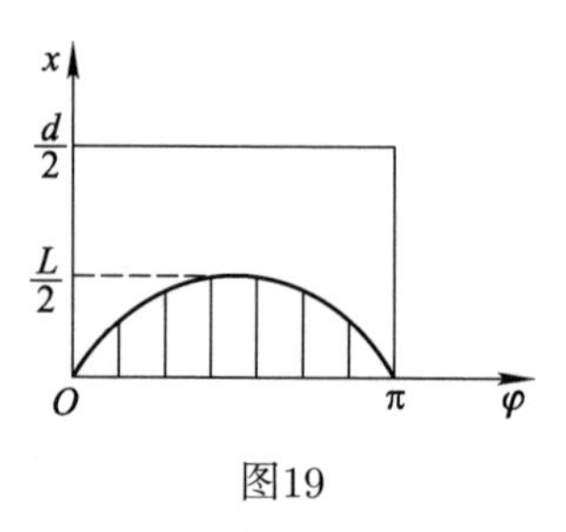

图19

以φ及x为坐标构成直角坐标系(见图19). 由(7.1)式及(7.2) 式, 我们得到(φ,x)平面上的一个矩形区域, 其中的任一点(φ,x)在投掷过程中都有同样的机会被达到, 从而此矩形的面积$\frac{d\pi}{2}$与所有可能发生的事件的总和相对应.

再画出曲线

$$x = \frac{L}{2}\sin\varphi. \tag{7.4}$$

如前所述, 只有当点落在此曲线下方的阴影部分区域时, 针与直线才相交, 而这个阴影区域的面积

$$\int_0^{\pi} \frac{L}{2}\sin\varphi \mathrm{d}\varphi = L \tag{7.5}$$

则对应于所有可能相交的事件的总和.

所要求的投掷概率应为这两个面积之比:

$$投掷概率 = \frac{L}{\frac{d\pi}{2}} = \frac{2L}{d\pi}. \tag{7.6}$$

于是

$$\pi = \frac{2L}{d \times 投掷概率}. \tag{7.7}$$

由于投掷概率可以在投掷成千上万次后由掷中的百分比来近似得到, 这样就可由(7.7)式来求得π的近似值. 这就为π的计算提供了一个新的方法, 而且是实验的方法, 使π值的寻求可以由做实验来得到. 现在, 甚至不必作具体的投掷实验, 只要利用计算机在上述矩形中通过随机取点来模拟每一次的投掷, 再统计有多大比例的点落在阴影区域中就可以了. 有兴趣的读者可以在计算机上做一下实验, 具体体验一下这个方法. 尽管这一计算π的实验方法是效率不高的, 但由此却可以引申出当今的一个重要的计算方法, 即以赌城蒙特卡罗(Monte Carlo)命名的**蒙特卡罗方法**.

八、历史的纪录

对π的计算方法的介绍到此暂告一段落, 现在回过头来看一下计算π值的一些历史的纪录.

公元前2000年, 巴比伦, $\pi = 3\frac{1}{8} = 3.125$

公元前2000年, 埃及, $\pi = \left(\frac{16}{9}\right)^2 = 3.1605$

公元前1200年, 中国, $\pi = 3$(“径一周三”)

公元前550年, 旧约圣经, $\pi = 3$

公元前3世纪, 阿基米德“割圆术”, $3\frac{10}{71} < \pi < 3\frac{1}{7}$, 即$3.140845 < \pi < 3.142857$

公元130年, 后汉书, $\pi \approx \sqrt{10}$

公元264年, 刘徽“割圆术”, $\pi \approx 3.14159$, 徽率$\pi \approx \frac{157}{50} = 3.14$

公元400年, 印度, $\pi \approx 3.1416$

公元5世纪, 祖冲之, $3.1415926 < \pi < 3.1415927$, 疏率$\pi = \frac{22}{7}$, 密率$\pi = \frac{355}{113}$

1436年之前, 中亚Al-Kashi计算至(小数点后, 下同)16位

1573年, V.Otto(德国), $\pi = \frac{355}{113}$

1593年, Viète(法国), 至9位

1593年, Roomen(荷兰), 至15位

1596年, Ludolph(荷兰), 至35位(刻在其墓碑上)

1665—1666年, 牛顿, 至16位

1705年, Sharp, 至72位

1706年, Machin(英国), 至100位(该年W.Jones最早以π为圆周率符号)

1717年, Lagny(法国), 至127位

1794年, Vega, 至140位

1844年, Strassnitzky(奥地利)与Dase, 至200位

1847年, Clausen, 至248位

1853年, Rutherford, 至440位

1855年, Richter, 至500位

1873—1874年, Shanks, 至707位(后发现527位以后有误). 1937年7月此结果进入巴黎发现宫π大厅, 1949年对其中527位以后的数字进行了修改.

1947年, Ferguson, 至808位(用台式计算机计算)

以下为计算机时代的结果

1948, 至2037位

1954, 至3089位

1957, 至10021位(7480位以后有误)

1958, 至10000位

1959, 至16167位

1961, 至20000位

1961, 至100265位

1966, 至25万位

1967, 至50万位

1983, 至1000万位

1987, 至1亿位

1989, 至10亿位

1995, 至42.9亿位

1999, 至2061亿位

. . . .

没有人对其他的数学常数做过这样狂热的计算. 这样做并没有什么实际应用上的需要, 在实用上取$\pi = 3.1416$来进行计算大体上就已足够了. 那么, 究竟是什么原因推动了这种计算的狂热呢?

从积极方面看, 可以有以下几个理由:

1. 计算π有多种多样的方法, 采用同一个计算机, 希望由此比较哪一个方法更为方便有效, 即可用较少的工作量算出更高精度的π值(表现为小数点后更多的有效数字).

2. 同样, 采用同一个计算π值的方法, 对不同的计算机的能力也是一个比较和考验.

3. 更重要地, 希望通过算出π在小数点后更多的数值来观察π的性质.例如, 长期以来人们不知道π是无理数还是有理数. 如果π是有理数, 它就是一个有限小数或无限循环小数; 而如果π是无理数, 就是一个无限不循环小数. 到底如何?希望通过大量的计算来看出一些端倪, 为进一步严格的证明提供启示, 等等.

但狂热到如此地步, 单靠上面的这几条理由是远远不够的. 更根本的原因恐怕还在于一种力图打破纪录、借此一举成名的心理. 其实, 计算π值已经有了多种方法, 只要有足够的耐心和毅力, 原则上就可以算到任意的精度, 这里面没有什么数学上的创造性, 也培养不了人们的创新精神. 而且, 即使一时打破了已有的纪录, 也只是过眼烟云, 很快又会被其他的人超过. 同样, 死背π很多位数的值, 也是没有任何意义的. 在现今的时代, 不应该浪费自己的时间和精力做这种无益的事了. 有这些时间和精力, 有足够的耐心和毅力, 用来攻克科学堡垒, 做一些更有意义的工作, 岂不是好得多! 在决心将自己献身给科学技术的时候, 从战略的眼光认真想一想自己应该选择怎样的主攻方向, 是一门大的学问, 是应该好好深思的.

九、π 的 性 质

希望π的小数表示中会出现循环、从而说明π是有理数的打算不仅没有得到成功，相反，随着小数点后的计算位数愈来愈大而变得格外渺茫．到了1767年，**兰伯特**(H.Lambert)终于证明了π是一个无理数．

接着，欧拉于1775年提出了一个问题，又为π的研究打开了新的篇章．欧拉问：π会不会是一个整系数代数方程的根，即是一个**代数数**呢?

任何有理数$\frac{q}{p}$($p \neq 0, q$均为整数)自然都是整系数代数方程

$$px - q = 0$$

的根，因而必为代数数．像$\sqrt{2}$那样的无理数，由于是整系数代数方程

$$x^2 - 2 = 0$$

的根，也是一个代数数．因此，代数数是相当多的．如果一个数不是代数数，即不是一个整系数代数方程的根，就称为**超越数**．显然，超越数如果存在，必是无理数的一部分．

首先一个问题，是到底有没有超越数?结论是肯定的．法国数学家**刘维尔**(J. Liouville)于1840年证明了这一点．

第二个问题，超越数到底有多少?结论是超越数要比代数数多得多. 用集合论的语言，代数数和有理数一样是可数的，而超越数和实数一样是不可数的.

第三个问题，π 是代数数还是超越数? **林德曼** (F.von Lindermann) 于1882 年，即在欧拉提出有关问题的107 年后证明了π 是一个超越数.

这样，π不仅是一个无理数，而且是一个超越数. 这二者的证明都要用到高等数学的知识，此处从略.

为什么要为证明π是超越数这一件事大动干戈呢?因为这关系到著名的古希腊三大初等几何作图问题之一的解答. 这三大几何作图问题是: 仅利用圆规和(没有刻度的)直尺，在有限的步骤内

1. 三等分任意角.

2. 作一个和任意给定的圆等面积的正方形(化圆为方).

3. 对一个任意给定的立方体，作一个立方体使其体积为所给立方体的二倍(二倍立方体).

现在我们已经知道，这三个问题都是不可解的，但在很长的时间内，为解答这些问题，竭尽了不少数学家的心智.

这里我们强调，这三个问题不可解，是指仅用圆规及(没有刻度的)直尺在有限步骤内完成这些作图是不可能的. 仅用圆规及直尺作图的要求现在看来相当苛刻，但这是和当时欧几里得几何学的基本公设相符合的，因为欧几里得几何学的五个公设:

1. 过任意两点可作一直线.

2. 直线可以无限延长.

3. 以任意点为圆心、任意长为半径可作一圆.

4. 凡直角皆相等.

5. 过直线外一点, 能且仅能作一条直线与该直线平行.

都是一些最明显的几何作图, 而这些作图均是由直尺及圆规作出的.

可以证明, 任何可用圆规及直尺解出的几何问题, 用等价的代数形式说明时, 都导致能用逐次进行加减乘除及开平方运算解出的整系数代数方程. 因此, 如果能用圆规及直尺化圆为方, π必定是一个代数数. 林德曼证明了π是超越数的这一结论, 就说明仅用圆规及直尺化圆为方绝对不可能. 这一公元前434年提出的"化圆为方"问题, 在二千三百多年后才得到解决, 由此可以看出数学理论上的研究成果在认识自然规律中可以发生的深刻作用.

十、尾声及简短的结论

我们对圆周率 π 的漫谈带着大家走过了近四千年的漫长岁月，回顾了人类文明及数学本身的发展历程. 相信大家弄清了一些情况，但也留下了不少悬念和疑问，例如:

什么是极限?

无穷级数和无究乘积的定义和性质?

积分的定义?

幂级数展开为什么正确?

逐项积分的合理性?

怎样证明 π 是无理数?

怎样证明 π 是超越数?

怎样证明“化圆为方”不可能? 等等.

这些问题都要留到高等数学的学习中去澄清、去解决. 一个充满生机和乐趣的数学王国正在前面等待着大家的光临.

从人类对圆周率 π 的认识不断深化的历史，可以看到科学是最革命的、永远充满活力并不断开拓前进的. 作为青年学生，立志发奋学习、献身科学、报效祖国、造福人类，应该是自己一生中最重要的决策.

同时，也可以看到数学实在是一门丰富多彩、美妙绝伦的学科, 是人类文明的一个重要组成部分, 而且数学越向前发展, 人类对事物的认识就越加清晰、简明、深刻, 在认识世界和改造世界的斗争中就会如虎添翼.

希望大家认真学好数学, 不仅掌握它的定义、定理和公式, 更要自觉地接受数学文化的熏陶, 掌握数学的精神实质和思想方法, 掌握数学这门学科的精髓, 使数学成为我们得心应手的武器, 终生受用不尽.

参考文献

[1] Peter Beckmann.π的故事[M]. 姜家齐, 朱建正, 林聪源, 译. 新竹: 凡异出版社, 1996.

[2] Denis Guegj. 鹦鹉的定理[M]. 马全章, 译. 北京: 作家出版社, 中国工人出版社, 2002.

[3] 王能超. 千古绝技"割圆术"——刘徽的大智慧[M]. 第二版. 武汉: 华中科技大学出版社, 2003.

[4] 夏道行. π和e[M]. 上海: 上海教育出版社, 1964.

[5] 欧几里得. 几何原本[M]. 兰纪正, 朱恩宽, 译. 西安: 陕西科学技术出版社, 2003.

[6] 华罗庚. 从祖冲之的圆周率谈起[M]//华罗庚科普著作选集. 上海: 上海教育出版社, 47–80, 1984.

[7] Jean-Paul Delahaye. Le fascinant nombre π. Paris: Belin. Pour La Science, 1997.

读者意见反馈

为收集对教材的意见建议，进一步完善教材编写并做好服务工作，读者可将对本教材的意见建议通过如下渠道反馈至我社。

咨询电话　400-810-0598

反馈邮箱　hepsci@pub.hep.cn

通信地址　北京市朝阳区惠新东街4号富盛大厦1座

高等教育出版社理科事业部

邮政编码　100029